AF234175

ÉTUDE

SUR

LES CRUSTACÉS

TERRESTRES ET FLUVIATILES

RECUEILLIS EN TUNISIE

EN 1883, 1884 ET 1885

PAR MM. A. LETOURNEUX, M. SÉDILLOT ET VALÉRY MAYET,

MEMBRES DE LA MISSION DE L'EXPLORATION SCIENTIFIQUE DE LA TUNISIE,

PAR

EUGÈNE SIMON,

ANCIEN PRÉSIDENT DES SOCIÉTÉS ENTOMOLOGIQUE ET ZOOLOGIQUE DE FRANCE.

PARIS.

IMPRIMERIE NATIONALE.

M DCCC LXXXV.

EXPLORATION

SCIENTIFIQUE

DE LA TUNISIE,

PUBLIÉE

SOUS LES AUSPICES DU MINISTÈRE DE L'INSTRUCTION PUBLIQUE.

SCIENCES NATURELLES.

ZOOLOGIE. — CRUSTACÉS.

ÉTUDE

SUR

LES CRUSTACÉS

TERRESTRES ET FLUVIATILES

RECUEILLIS EN TUNISIE

EN 1883, 1884 ET 1885

PAR MM. A. LETOURNEUX, M. SÉDILLOT ET VALÉRY MAYET,

MEMBRES DE LA MISSION DE L'EXPLORATION SCIENTIFIQUE DE LA TUNISIE,

PAR

EUGÈNE SIMON,

ANCIEN PRÉSIDENT DES SOCIÉTÉS ENTOMOLOGIQUE ET ZOOLOGIQUE DE FRANCE.

PARIS.

IMPRIMERIE NATIONALE.

M DCCC LXXXV.

ÉTUDE

SUR

LES CRUSTACÉS

TERRESTRES ET FLUVIATILES

RECUEILLIS EN TUNISIE

EN 1883, 1884 ET 1885.

§ 1. DECAPODA.

1. Telphusa fluviatilis Latr., *Hist. nat. Crust. Ins.*, 1804, p. 39 (sub *Ocypoda*).— *Cancer ibericus* Bieberstein, *Mém. Mosc.*, II, 1809, p. 4, pl. II. — *Potamophilus fluviatilis* Latr., *Règ. Anim.*, 1ʳᵉ éd., III, 1829, p. 18. — *Id.* Sav., *Ég.*, *Crust.*, pl. II, fig. 5. — *Telphusa* (*Thelphusa*) *fluviatilis* Latr., *Encycl. méthod.*, X, p. 563. — *Id.* Desm., *Consid. gén.*, etc., p. 128, pl. XIII, fig. 12. — *Id.* M. Edw., *Hist. nat. Crust.*, II, p. 12. — *Id.* Heller, *Crust. Südl. Europa*, Podophth., 1863, p. 97.

T. fluviatilis paraît beaucoup moins répandu en Tunisie qu'en Algérie; il est très rare dans le nord et, d'après M. Letourneux, il manque complètement dans le sud, ce qui n'a rien d'étonnant pour l'Arad, où il n'y a ni sources ni cours d'eau permanents, pas plus que dans les montagnes des Matmata et dans l'île de Djerba, mais il doit exister dans le Nefzaoua, où les sources et les ruisseaux servant à l'irrigation des oasis sont assez abondants. Il n'a cependant été observé ni par M. Letourneux ni par M. V. Mayet; M. Sédillot m'a dit l'avoir aperçu dans l'Oued Lebeus, au sud du Kef.

En Algérie, *T. fluviatilis* est de toutes les zones depuis le littoral jusqu'aux oasis du Souf et du Mzab; il figure parmi les animaux qui ont été rejetés par les puits artésiens de l'Oued Rir.

2. Palæmonetes varians Leach, *Malac. Brit.*, 1820, pl. XLIII, fig. 14 (sub *Palæmon*). — *Palæmon antennarius* M. Edw., *Hist. nat. Crust.*, II, 1837, p. 391. — *Palæmon lacustris* Martens, *Archiv f. Naturg.*, 1857, p. 183, pl. X. — *Pelias migratorius* Heller, *Sitzungsb. Wiss. Akad.*, XLV, p. 409, pl. II, fig. 35. — *Anchistia migratoria* Heller, *Crust. Südl. Europa*, Podophth., 1863, p. 259, pl. VIII, fig. 20. — *Palæmonetes varians* Heller, *Zeitschr. Wiss. Zool.*, XIX, 1869, p. 161.

Très commun dans toutes les eaux douces et saumâtres du sud de la Tunisie : Gabès (Lx, V. May.), Oasis d'Oudref (V. May.), Oued de Tozzer (V. May.).

Cette espèce a été découverte dans les eaux saumâtres de l'Angleterre, elle a été retrouvée depuis en abondance dans les lacs de l'Italie [1], en Espagne dans la lagune d'Albufera près Valence, en Égypte dans le Nil et les canaux du Delta, enfin en dernier lieu dans les lagunes du nord de l'Allemagne [2].

§ 2. AMPHIPODA.

3. Gammarus pulex L., *Syst. Nat.*, 10ᵉ éd., 1758, p. 633 (*Cancer*)? — *Gammarus fluviatilis* M. Edw., *Ann. sc. nat.*, 1830, p. 17. — *Gammarus fluviatilis + pulex* M. Edw., *Hist. nat. Crust.*, III, 1840, p. 45. — *Gammarus aquaticus* Leach, *Linn. Trans.*, XI, p. 359. — *Gammarus fluviatilis* Luc., *Expl. Alg.*, *Crust.* — *Gammarus pulex* Westw. et S. Bate, *Br. Sess.-ey. Crust.*, I, 1863, p. 388. — *Id.* Heller, *Verh. z. b. Ges. Wien*, XX, 1865, p. 984.

Sfaïtla (Séd.).

Très répandu dans toutes les eaux douces de l'Algérie. Il ne faut pas le confondre avec *G. Rœseli* Gerv. (*Gammarellus pulex* Herbst, *Gammarus Rœseli* Heller), qui n'a pas encore été observé dans le nord de l'Afrique.

Nota. Sous le nom de *Cancer pulex* Linné a sans doute confondu beaucoup d'espèces d'Amphipodes; il est probable qu'à l'origine, dans la 10ᵉ édition du *Systema*, p. 633, et dans la *Fauna Suecica*, p. 496, il avait en vue un Amphipode du littoral; il dit en effet : «*Habitat ad littora maris vulgatissimus, frequens, rodens retia, conficiens sceleta piscium, natat in dorso.*» Ce n'est que dans la 12ᵉ édition du *Systema* (t. I, 2ᵉ part., p. 1055) qu'il ajoute à cette phrase «*etiam in fontibus et fossis*».

4. Gammarus tunetanus sp. nov.

Long. 8ᵐᵐ. — *Gammari pulicis* valde affinis, differt tegumentis corporis parcius et minutissime punctatis, capite paulo longiore et antice paululum attenuato, oculis longius reniformibus supra basin antennarum paululum superantibus (in *G. pulice* brevius ovatis et supra basin antennarum non attingentibus), antennarum superiorum ramo flagelli longiore articulum flagelli 6ᵐ attingente sexarticulato, articulis 3, 4 et 5 reliquis paulo longioribus et inter se fere æquis (in *G. pulice* ramo semper triarticulato, articulo ultimo longiore setiformi, articulum flagelli 3ᵐ vix æquante), antennis inferioribus flagello breviore octoarticulato articulis cunctis paulo longioribus quam latioribus (in *G. pulice* 10-13-articulato), segmentis caudæ ultimis ut in *G. pulice* spinis in fasciculos tres ordinatis munitis. Cætera ut in *G. pulice*.

Gammari locustæ valde affinis, oculis antennisque superioribus fere similibus, sed antennarum inferiorum flagello multo breviore articulis paucioribus et fere teretibus differt (in *G. locusta* flagello robustiore paulum depresso 15-20-articulato, articulis saltem 2-5 latioribus quam longioribus).

Kerouan (Lx).

---

[1] Cf. notamment Garbini, *Zoologia del Palœmonetes varians e di una sua varietà*, in *Bull. Soc. Ven. Trent.*, II, 1882.

[2] Metzger, *Ber. üters Pommerania*, p. 304.

§ 3. ISOPODA [1].

5. Armadillo Mayeti sp. nov.

Long. 13^{mm}; lat. 5^{mm},9. — Ovatus, convexus, minutissime parum dense et uniformiter granulosus et setosus haud punctatus nec reticulatus, omnino lurido-cinereus, trunci segmentum primum epimeris crassis margine laterali tantum in parte secunda late profunde et inæqualiter sulcato vel in parte prima multo levius sulcato (in *A. officinali* sulco usque ad angulum anticum segmenti ducto), epimeris segmenti secundi profunde sulcatis. Margo posticus segmentorum cunctorum subrecte truncatus, sed margo segmentorum 6 et 7 in parte exteriore vix subsinuosus. Abdominis segmentum anale saltem 1/3 latius ad basin quam longius (in *A. officinali* fere duplo latius), in medio coarctatum ad apicem recte truncatum. Oculi parvi, ex ocellis 6 compositi. Antennæ exteriores tertia corporis parte haud longiores, obscure plumbeo-tinctæ, flagelli articulo primo secundo saltem duplo breviore supra leniter impresso. Clypeus lobis lateralibus minoribus quam in *A. officinali* obtusissime conicis. Articulus basilaris pedum analium longior quam latior (in *A. officinali* haud longior), ad apicem recte truncatus, ad basin longe et oblique attenuatus atque acutus, ramo exteriore minutissimo vix perspicuo, ramo interiore brevi infra dimidium segmenti analis haud superante (in *A. officinali* marginem segmenti analis fere attingente).

Sfax (V. May.).

Variété. Color plumbeo-nigricans maculis lateralibus sinuosis et inordinatis testaceis dilutioribus.

Djebel Oum-Ali (V. May.).

Cette espèce appartient au premier groupe du genre *Armadillo* de Budde-Lund, caractérisé par la marge latérale des deux premiers segments du tronc très épaisse et creusée longitudinalement d'un profond sillon.

A. Mayeti diffère de *A. officinalis* par les téguments uniformément et peu densement granuleux non ponctués, le sillon latéral du premier segment n'en occupant que la seconde moitié, les lobes latéraux du bandeau plus courts et plus obtus, l'article basilaire des pattes anales plus long que large, les ocelles moins nombreux, etc. Il doit se rapprocher beaucoup de *A. hirsutus* L. Koch, du sud de l'Espagne, qui m'est inconnu; mais, d'après la description de Budde-Lund (*Crust. Isop. terrestr.*, p. 40), il en diffère par ses téguments (chez *A. hirsutus* ils sont en effet finement réticulés) et par le segment anal qui, d'après Budde-Lund, est plus long que large chez *A. hirsutus*, tandis que chez *A. Mayeti* il est au moins d'un tiers plus large que long.

---

[1] M. Budde-Lund, auteur de la monographie des *Oniscida*, a bien voulu examiner les espèces de cette famille que nous décrivons dans ce mémoire.

6. Armadillidium granulatum Brandt, *Consp. Monogr. Crust. Oniscoid.*, 1833,
p. 23. — Id. in Wagner, *Reise*, III, p. 280. — Luc., *Expl. Alg.*, *Crust.*, p. 145,
pl. VII, fig. 6 + *A. Pallasi* Luc., *l. c.*, p. 146, pl. VII, fig. 5 (non Brandt). —
Armadillo morbillosus C. Koch, *Deutschl. Crust.* etc., 28, 1841, 3. — *Armadillidium
morbillosum* Vogl, *Verh. z. b. Ges. Wien*, XXV, 1875, p. 565, pl. II, fig. 2. —
Armadillidium pustulatum Miers, *Proceed. Zool. Soc. Lond.*, 1877, p. 675. —
Armadillidium granulatum Budde-Lund, *Crust. Isop. terrestr.*, 1875, p. 57.

Cap Bon (Lx).

Espèce répandue dans presque toute la région méditerranéenne.

7. Armadilloniscus Letourneuxi sp. nov.

Long. 4^{mm}. — Oblongo-ovalis, valde convexus, antice posticeque fere
æqualiter et parum attenuatus, caput et segmenta thoracica tuberculis
paucis sat magnis et humilibus transversim parum regulariter munita,
segmenta abdominalia et processus laterales segmentorum cunctorum fere
lævia minutissime et parcissime rugosa. Capitis lobus medius sat prominens subacute triquetrus supra anguste marginatus, lobi laterales longi
(diametro oculorum saltem duplo longiores) divaricati apice rotundati.
Segmenta thoracica utrinque paululum sinuosa atque ad angulos breviter
retro producta. Segmentum anale multo latius quam longius obtusissime
triangulare. Articulus basilaris pedum analium non multo longior quam
latior parallelus et obtuse truncatus paulo latior quam epimera segmenti
abdominalis ultimi, ramo exteriore paulo breviore quam interiore gracili.
Antennæ exteriores parum longæ, articulis 1, 2, 3 fere æquis, 2° intus
convexo, 4° longiore supra paululum depresso, 5° vix longiore quam 4°
multo graciliore ad basin attenuato et subappendiculato, flagello articulo 5° scapi evidenter breviore articulis 1, 2 et 3 fere æquis (seu 2° reliquis vix longiore) articulo apicali brevi acuminato haud setigero?. Corpus
supra cinereo-plumbeum, segmentis thoracicis utrinque sat valde et fere
inordinate testaceo-variatis et striolatis, segmentis abdominalibus punctis
flavo-testaceis minutis biseriatim ordinatis ornatis, antennarum flagello,
pedum analium ramulis, corpore infra toto pedibusque albo-testaceis.

Porto-Farina (Lx).

Diffère de *A. candidus* Budde-Lund par le corps moins régulièrement tuber-
culeux, les lobes frontaux latéraux moins longs, l'article basilaire lamelleux des
pattes anales moins large et arrondi aux angles interne et externe (chez *A. candidus* il est tronqué à angle droit à l'interne et arrondi à l'externe), enfin par les
appendices de cet article plus grêles. Il diffère de *A. litoralis* Budde-Lund par les
tubercules des segments moins forts et moins réguliers, les antennes plus grêles
et plus longues surtout par leur 4° article, le flagellum relativement plus court et
un peu plus épais avec une proportion différente des articles : chez *A. litoralis*, en
effet, le 3° article est beaucoup plus court que les deux précédents, et le dernier,
très effilé et terminé par une soie, est au moins aussi long que les deux précé-

dents[1]. Enfin il paraît différer de *A. minutus* Uljanin, qui m'est inconnu, par la
structure des antennes (cf. Budde-Lund, *l. c.*, p. 238).

Genus Porcellio.

Sect. 1. — Trunci segmenta tria priora margine posteriore plus vel minus
manifesto utrinque sinuata. Epimera majora, angulis posticis retroductis acutioribus, processu laterali plerumque distincto et acuto.
(Budde-Lund.)

Species.

1. Lobi laterales frontis sat magni ample rotundati,
   lobus medius plerumque fissus. Antennæ articuli
   2-3 et 4 dente apicali acuto muniti. Epimera segmentorum abdominalium 3-4 antice modice et
   æqualiter 5° paulo magis arcuato-rotundata.....   *P. Budde-Lundi.*
   Lobi laterales breves semilunares, lobus medius
   parum expressus transversus et integer. Antennæ
   articuli 2-3 dente apicali minore, articulus 4⁰ᵐ dente
   apicali carens. Epimera segmentorum abdominalium 3-4 et 5 antice modice et æqualiter arcuata.   2

2. Corpus sat grosse granulatum, segmenta abdominalia margine postico regulariter et sat valde transversim tuberculato. Epimera segmenti abdominalis
   ultimi breviora quam articulus basilaris pedum
   analium. Segmentum anale breviter productum..   *P. variabilis.*
   Corpus delete et parcius granulatum, segmenta abdominalia minute parce et fere inordinate tuberculata. Epimera segmenti abdominalis ultimi paulo
   longiora quam articulus basilaris pedum analium.
   Segmentum anale longius productum............   *P. lugubris.*

8. Porcellio lugubris C. Koch, *Deutschl. Crust. etc.*, 28, 1841, p. 20. — *Id.* Budde-
   Lund, *Crust. Isop. terrestr.*, 1885, p. 130.

Forêt entre Souk-Harras et Ghardimaou (Lx).

Espèce répandue dans toute l'Europe centrale et méridionale; nous l'avions déjà
observée en Algérie, aux rochers des Ouled Anteur, près Bokhari.

9. Porcellio variabilis Luc., *Expl. Alg., Crust.*, p. 141, pl. VI, fig. 8. — *P. transmutatus* Budde-Lund, *l. c.*, p. 122.

P. lugubris valde affinis, differt corpore magis granulato, segmentis
abdominis ad marginem posticum sat regulariter et valde transversim

---

[1] *A. lateralis*, qui n'était connu jusqu'ici que de la plage de Venise, a été trouvé tout récemment
à l'île Sainte-Marguerite par M. A. Dollfus.

tuberculatis (in *P. lugubri* minutissime et vage tuberculatis) apice segmenti analis breviore haud longiore quam articulo basilari pedum analium, epimeris segmenti abdominalis ultimi brevioribus quam segmento anali (in *P. lugubri* paulo longioribus).

A *P. picto* differt corpore angustiore minus dense et grosse granulato præsertim antice et in parte cephalica sed segmentis abdominalibus ad marginem posticum magis regulariter tuberculatis, lobo frontali medio transversim rotundato minus prominente, angulis lateralibus segmentorum trunci obtusioribus fere rotundatis multo minus retro productis, antennarum articulo tertio dente apicali minore.

A *P. scabro* lobo frontali rotundatim arcuato haud triangulari, antennis gracilioribus et longioribus, articuli tertii dente apicali acuto haud obtuso, flagelli articulo 1° evidenter longiore quam articulo 2°, tegumentis minus grosse et dense granulosis abunde differt.

Tunis (V. May.); Cap Bon (Lx).

Variété. Antennarum articuli basilares et pedum analium articulus ultimus fulvo-rufescentes.

Forêt entre Souk-Harras et Ghardimaou (Lx).

Nota. Le *P. Boowi* Lucas, que Budde-Lund donne avec doute comme synonymie de son *P. transmutatus*, en est totalement différent comme nous avons pu nous en assurer par l'étude des exemplaires types, mais il est identique au *P. longicauda* Budde-Lund, qui devra reprendre le nom de *P. Boowi*. Au reste M. Lucas compare son espèce au *P. Wagneri* Brandt, très éloigné du *P. variabilis*, et en indique clairement les caractères différentiels: «Il est plus grand et plus large que le *P. Wagneri*, auquel il ressemble, mais dont il se distingue par le front plus saillant, par la granulation des segments qui est plus large et plus effacée, enfin par l'abdomen qui dépasse l'article basilaire des dernières fausses pattes.»

10. Porcellio Budde-Lundi sp. nov.

Long. 8ᵐᵐ; lat. 6ᵐᵐ,3. — Oblongo-ovalis sat convexus, granulis grossis vel tuberculis obtusis parce munitus sed in parte cephalica atque ad marginem posticum segmentorum (præsertim segm. posticorum) grossius et magis regulariter granulosus, parce et minutissime setosus. Lobi frontales laterales longi et divaricati sed parum lati obtusissime truncati cum angulo interiore rotundato, lobus medius transversim arcuatus in medio emarginatus (semper?). Epistoma in medio tuberculo parvo subacuto et prominente instructum. Trunci segmenta tria priora margine postico utrinque sinuoso angulis posticis obtusis evidenter retroductis et subæquis, anguli segmentorum sequentium acutiores. Abdominis epimera 3-4 et 5 sat longa, 1-4 ad marginem anticum modice et æqualiter arcuata, 5 magis convexo-arcuata et postice articuli basilaris pedum analium apicem vix

æquantia. Segmentum anale productum et subacutum supra late et obtuse
canaliculatum et prope basin parce tuberculatum paulo longius quam epimera segmenti præanalis. Pedum analium articulus basilaris segmento
anali brevior, articulus apicalis depresso-lanceolatus et acutus, in femina
non multo longior, in mare angustior et saltem duplo longior quam segmentum anale. Antennæ exteriores dimidium corporis superantes, articulis 2-3-4-5 longitudinaliter sulcatis, articulis 2-3 et 4 apice dentatis,
articuli 3i dente apicali inferiore haud longiore quam dente superiore sed
acutiore, flagelli articulo 1° longiore quam 2°. — Color albido vel flavo-
testaceus, parte cephalica antice segmentis trunci ad marginem posticum
abdomine medio valde infuscatis, segmentis in medio ad marginem anticum et utrinque in epimeris fusco-maculatis. Antennæ cinereæ versus basin
sensim dilutiores. Venter pedesque albidi.

Sfax (V. May.); Djebel Oum-Ali, Djebel Bou-Hedma (V. May.); Tozzer
(V. May.).

Cette espèce est voisine de *P. Hoffmannseggi* Brandt; elle en diffère par le corps
plus étroit, les lobes latéraux du front un peu plus étroits mais aussi longs, les
téguments moins brillants garnis de tubercules bas mais coniques, tandis que chez
P. Hoffmannseggi les tubercules sont très bas et en forme de larges mamelons
subconfluents. Dans l'intervalle des tubercules les téguments sont très finement et
densement coriacés, tandis que chez *P. Hoffmannseggi* ils sont très lisses et peu
densement ponctués.

Dans les deux espèces l'épistome porte au milieu un tubercule subaigu assez
saillant et le lobe médian du front est échancré, mais ce dernier caractère n'est
pas absolu.

P. Budde-Lundi paraît également voisin de *P. granuliferus* Budde-Land (*l. c.,*
p. 128), qui m'est inconnu, mais l'auteur donne à son espèce une coloration toute
différente et des téguments régulièrement et très densement rugueux-granuleux,
tandis que chez *P. Budde-Lundi* les tubercules dorsaux sont peu denses.

Sect. II. — Trunci segmentum primum margine posteriore utrinque leviter sinuatum; segmenta duo sequentia substransversa vel levissime utrinque sinuata. Epimera mediocria, angulis posticis annulorum priorum
rotundate obtusioribus haud vel vix retroductis, processu laterali parvo
obtuso vel nullo (Budde-Lund).

Species.

1. Margo frontalis subrectus. Laminæ abdominales ad marginem posticum setis longis et inæqualibus instructæ. . . *P. albineus.*
   Margo frontalis in medio paulum productus et lobum obtu-
   sum formans. Laminæ abdominales ad marginem pos-
   ticum setis brevissimis et subæquis fimbriatæ. 2

2. Lobi frontales exteriores mediocres rotundati. Epimera
   segmenti abdominalis ultimi segmento anali breviora
   et articulo basilari pedum analium haud longiora . .   3
  Lobi frontales exteriores magni ad apicem recte truncati
   cum angulis rectis vel subacutis. Epimera segmenti
   abdominalis ultimi segmento anali haud breviora et
   articulo basilari pedum analium longiora . . . . *P. Letourneuxi.*

3. Flagellum antennarum articulo ultimo altero saltem
   1/3 breviore. Corpus angustius albidum plus minus
   nigricanti-maculatum semper albido-marginatum . .   *P. Olivieri.*
  Flagellum antennarum articulis binis subæquis. Corpus
   latius fere semper omnino cinereo-plumbeum . . . . .   *P. lævis.*

11. Porcellio lævis Latr., *Hist. nat. Crust. Ins.*, VII, 1804, p. 46. — *Porcellio De-
geeri* Aud. in Sav., *Eg.*, *Crust.*, pl. XIII, fig. 5. — *Id.* Luc., *Expl. Alg., Crust.*,
p. 69. — *P. lævis* Budde-Lund, *Crust. Isop. terrestr.*, 1885, p. 138. (Pour la synonymie très étendue du *P. lævis*, cf. Budde-Lund, *l. c.*)

Forêt entre Souk-Harras et Ghardimaou (Lx); Tunis (V. May.); Sfax (V. May).
Espèce presque cosmopolite.

12. Porcellio Olivieri Aud. in Sav., *Ég.*, XXII, p. 289, pl. XIII, fig. 2. — *Porcellio Ehrenbergi* Brandt, *Consp.* etc., p. 15. — *Id.* M. Edw., *Hist. nat. Crust.*, III,
p. 168. — *P. Olivieri* Budde-Lund, *l. c.*, p. 141.

Corpus ovale sat convexum, minute et parum dense granulatum. Frontis margo in medio paululum productus et lobum medium minutum et ro-
tundatum formans, lobi laterales mediocres leviter ovati. Epistoma in medio tuberculo parvo vel carina obsoleta et abbreviata munitum. Segmenta
subrecta, versus marginem exteriorem, præsertim 1 et 2, levissime sinuosa.
Segmenta abdominis 3-4 et 5 epimeris mediocribus subæquis ad angulum
posticum subacutis. Epimera segm. 5[i] segmento anali breviora pedum analium articulum 1[um] fere æquantia. Segmentum anale triquetrum subacutum
supra obsolete sulcatum. Laminæ abdominales ad marginem posticum setis minutis subæquis sat regulariter fimbriatæ. Antennæ ut in *P. lævi* sed
articulo penultimo flagelli articulo ultimo saltem 1/3 longiore. — Corpus
flavum, segmentis maculis magnis in utroque latere lineas duas forman-
tibus in medio lineis quatuor nigricantibus ornatis, subtus albido-testa-
ceum; sæpe maculis cunctis confluentibus et corpus supra latissime nigri-
canti-plumbeum plus minus in medio testaceo-reticulatum et late albido
marginatum. Antennæ obscure cinereæ.

Sfax (V. May.).

13. Porcellio Letourneuxi sp. nov.

Long. 11[mm],6; lat. 7[mm],2. — *P. Olivieri* sat affinis sed latius oblongus et

magis depressus, processus laterales segmentorum ampliores. Caput grosse
et sat dense, segmenta laxius et minus transversim obtuse granulata, segmenta abdominalia ad marginem posticum minute tuberculata. Frontis lobus medius sat magnus et prominens obtuse transversim triquetrus, lobi
laterales magni divaricati fere æque longi ac lati paululum attenuati atque
ad apicem recte truncati cum angulis interiore et præsertim exteriore rectis vel subacutis. Epistoma in medio tuberculo minutissimo fere obsoleto
munitum. Segmenta subrecta utrinque haud vel vix distincte sinuata, 1-3
ad angulum obtuse rotundata, reliqua subacuta. Segmenta abdominis 3,
4 et 5 epimeris longis subacutis et subæquis, epimeris segmenti 5' haud
brevioribus quam segmento anali et longioribus quam articulo basilari pedum analium. Segmentum anale triquetrum subacutum supra obsolete
sulcatum et prope basin obtuse tuberculatum. Laminæ abdominales ad
marginem posticum setis minutis subæquis fimbriatæ?.— Color nigro-
plumbeus vitta marginali integra alba vel pallide flava, segmenta trunci
1-5 vitta media latissima, segmentum 7 maculis transversis binis pallide
flavis ornata, lobi frontales exteriores pedum analium, corpus infra omnino pallide testacea.

Cap Bon (Lx).

Un seul individu en mauvais état auquel manquent les antennes et l'article ter-
minal des pattes anales.

Cette remarquable espèce diffère de toutes ses congénères par la forme des lobes
frontaux tronqués carrément à l'extrémité. Sa coloration rappelle celle du P. *albo-
marginatus* Vogl, des îles de la Grèce.

14. Porcellio albineus Budde-Lund, *Crust. Isop. terrestr.*, 1885, p. 142.

A speciebus præcedentibus eximie distinctus margine frontali tenui
subrecto vel levissime arcuato lobum medium haud formante, lobis lateralibus latioribus fere semicircularibus haud conicis, tegumentis corporis
haud granulosis sed parce et minute punctatis, antennis semper albis,
articulo penultimo flagelli plus duplo longiore quam ultimo, laminis abdominalibus ad marginem posticum setis validis longis et iniquis munitis,
colore albo-testaceo, segmentis thoracicis maculis nigricantibus biseriatim
ordinatis ornatis, segmentis abdominalibus in medio infuscatis.

Gabès, Gafsa, Tozzer (V. May.).

Genus Lucasius Kinahan 1859.

Porcellio Budde-Lund (ad part.).

Budde-Lund n'a pas admis le genre *Lucasius* de Kinahan et a placé ses espèces
dans la seconde section du genre *Porcellio*; à propos de l'une d'elles il dit cependant : «*Hæc species forma antennarum ab omnibus aliis Porcellionibus diversa*

ctivam affinitatem generi Platyarthro præbet. » Les antennes sont en effet très différentes de celles des *Porcellio* ordinaires, et ce caractère joint à la petitesse des yeux, composés d'un très petit nombre d'ocelles, nous paraît suffisant pour maintenir le genre *Lucasius* au même titre que le genre *Leptotrichus* Budde-Lund, dont les caractères distinctifs sont à peu près de même valeur. Les *Lucasius* établissent une sorte de passage entre les *Porcellio*, les *Leptotrichus* et les *Platyarthrus*.

Les caractères du genre *Lucasius* peuvent se résumer ainsi :

A genere *Porcellione* differt antennis exterioribus multo brevioribus, scapi articulis 1-4 brevibus et subæquis (rarius in *L. pallido* articulo 4° reliquis longiore), 5° longiore et tereti, flagello biarticulato articulo primo minutissimo interdum fere inconspicuo versus basin valde attenuato et subpedunculato, articulo altero multo longiore tereti et aciculato, oculis minutissimis ex ocellis paucissimis compositis.

A genere *Leptotricho* differt fronte marginata, segmentis corporis cunctis utrinque sinuosis atque ad angulos plus minus et fere æqualiter retro productis. Abdominis segmentis 1 et 2 reliquis evidenter brevioribus.

Antennæ *Lucasiorum* et *Leptotrichorum* plerumque subsimiles.

Le genre *Lucasius* est représenté dans le nord de l'Afrique par les quatre espèces suivantes, dont une seule a été observée en Tunisie :

1. Antennarum flagellum longissimum multo longius quam scapi articulus 5us. Frons subtiliter et fere recte marginata. 2

Antennarum flagellum breve haud vel vix longius quam scapi articulus 5us. Frontis margo in medio plus minus productus et lobum formans. 3

2. Scapi articuli 1-4 fere æqui, flagellum articulis scapi cunctis haud vel vix brevius. Corpus supra coriaceum parce et minute granulatum. Frons subtiliter vix distincte marginata. . . . . *L. myrmecophilus.*

Scapi articulus 4us præcedentibus evidenter longior, flagellum articulis scapi 5° et 4° simul sumptis haud vel vix longius. Corpus supra coriaceum haud granulatum parcissime squamatum. Frons evidentius marginata. . . . . *L. pallidus.*

3. Frontis lobi laterales breves et lati intus longe declives extus subangulose truncati, lobus medius brevissimus transverse arcuatus. . . . . *L. tardus.*

Frontis lobi laterales longiores ad apicem rotundati, lobus medius magis prominens. . . . . *L. pauper.*

15. Lucasius tardus Budde-Lund, *Crust. Isop. terrestr.*, 1885, p. 365 (sub *Porcellio*).

Porto-Farina (Lx).

Nous avons découvert cette espèce à Tlemcen et nous l'avons retrouvée depuis dans l'est de l'Algérie à Bône et à Constantine.

16. Leptotrichus Panzeri Aud. in Sav., *Ég.*, XXII, 290, *Crust.*, pl. XIII, fig. 7 (*Porcellio*) — *Porcellio ciliatus* Brandt, *Consp. Monogr. Crust. Oniscod.*, 1833, p. 19. — *Trichoniscus flavescens* Luc., *Expl. Alg.*, *Crust.*, p. 143, pl. VII, fig. 3. — *Leptotrichus Panzeri* Budde-Lund, *Crust. Isop. terrestr.*, 1885, p. 193.

Tunis (Lx, V. May.), Porto-Farina (Lx).

Très répandu dans les contrées méditerranéennes : en Espagne, en Corse, en Algérie, en Égypte, en Syrie.

17. Hemilepistus Reaumuri Aud. in Sav., *Ég.*, *Crust.*, pl. XIII, fig. 4, 1825-1827 (*Porcellio*). — *Porcellio Clairvillei* Brandt, *Consp. Monogr. Crust. Oniscod.*, 1833, p. 17. — *P. Reaumuri* M. Edw., *Hist. nat. Crust.*, III, 1840, p. 170. — *P. syriacus* C. Koch, *Syst. Myr. u. Bericht. Deutschl. Cr.* etc., 1847, p. 205, pl. VIII, fig. 96. — *Hemilepistus Reaumuri* Budde-Lund, *l. c.*, p. 155.

Sfax [1] (V. May.); Gabès (Lx, V. May.); Tozzer (V. May.).

Espèce répandue en Syrie, en Égypte et en Algérie, où elle est très commune dans les régions du Sahara et des Hauts-Plateaux. *H. Reaumuri* habite particulièrement les terrains argileux compacts ; il creuse un terrier très profond, parfaitement cylindrique et très étroit, ayant juste le diamètre de son corps.

18. Metoponorthus sexfasciatus C. Koch, *Syst. Myr. u. Bericht. Deutschl. Cr.* etc., 28, 1838 (sub *Porcellio* sec. Budde-Lund). — *Porcellio murrens* Schaufuss, *Nunquam otiosus*, 1882, p. 559. — *Metoponorthus sexfasciatus* Budde-Lund, *Crust. Isop. terrestr.*, 1885, p. 167.

Tunis (V. May.).

Répandu dans presque toutes les contrées méditerranéennes ; dans le midi de la France, en Espagne, en Corse, en Algérie, en Grèce ; existe aussi à Madère.

19. Tylos armadillo Latr., *Règ. anim.*, 1re éd., IV, 1829, p. 142. — Cloporte .... Sav., *Ég.*, *Crust.*, pl. XIII, fig. 1. — *Tylos Latreillei* Aud., *Expl. des planches de Savigny*, p. 285. — *Ithacodes inscriptus* L. Koch, in Rosenh., *Thiere Andal.*, 1856, p. 412. — *Tylos Latreillei* Heller, *Verh. z. b. Ver. Wien*, XVI, 1866, p. 732. — Id. Miers, *Proceed. Zool. Soc. Lond.*, 1877, p. 674. — Id. Budde-Lund, *Crust. Isop. terrestr.*, 1885, p. 273.

Vallée de la Medjerda (V. May.).

Répandu sur presque toutes les côtes de la Méditerranée.

Nota. D'après le *Nomenclator zoologicus* d'Agassiz, le nom de *Tylos* aurait été employé antérieurement à Latreille par V. Heyden ; mais le mémoire de V. Heyden (*Isis*, 1826, p. 610) n'est que le prodrome très succinct d'un travail que l'auteur préparait à cette époque sur la classification des Acariens, et ne renferme que l'énumération des genres que l'auteur avait l'intention d'y publier ; ces noms sans descriptions, et dont les espèces types sont restées inédites, sont sans valeur.

---

[1] Déjà indiqué de Sfax par M. H. Lucas; cf. *Ann. Soc. ent. Fr.*, 1881, *Bull.*, p. LXVII.

Le nom spécifique de *T. armadillo* Latreille est postérieur à la publication des planches du grand ouvrage de Savigny, mais antérieur à l'explication de ces planches par Audouin, où figure pour la première fois le nom de *Tylos Latreillei*. Latreille dit en effet (*l. c.*, p. 142) : « *Tylos armadillo* Latr., figuré sur les planches de l'histoire naturelle du grand ouvrage sur l'Égypte. »

§ 4. PHYLLOPODA.

20. Branchipus pisciformis Schœff., *Elem. Entom.*, 1766, pl. XXIX, fig. 6 et 7. — *Cancer stagnalis* Herbst, *Naturg. Krabb. etc.*, II, 1796, p. 131, pl. XXXV, fig. 8-10 (non Linn.). — *Branchipus stagnalis* Grube, *Archiv f. Naturg.*, 1853, p. 137. — *Branchipus pisciformis* Baird, *Proceed. Zool. Soc. Lond.*, 1852, p. 19.

Djebel Oum-Ali, Redir Timint (V. May., 25 mai).

Généralement de grande taille, mais ne différant pas autrement du *B. pisciformis* d'Europe.

Nota. V. Lilljeborg a établi que le *Cancer stagnalis* Linné (*Fauna Suec.* 1761) est une espèce toute différente, voisine de *Branchipus lacuna* Guérin, et appartenant au genre *Chirocephalus*. *B. pisciformis* Schœff. ne se trouve pas en Suède (cf. Lilljeborg, *Synopsis Crustaceorum suecicorum ordinis Branchiopodorum*, etc. Upsal, 1877).

Brauer a décrit sous le nom de *B. recticornis* (in *Sitzb. d. k. Akad. d. Wissensch.*, LXXV, 1877, p. 16, pl. IV) une espèce de *Chirocephalus* trouvée à Tunis même par Fischer.

Nous avons observé en Algérie le *Chirocephalus diaphanus* Prévost, au Frais-Vallon près Alger et au Kef El-Akdar (départ. d'Alger), et le Muséum le possède de Bône. Nous avons reçu de Ouargla une espèce inédite du genre *Streptocephalus* très voisine de *S. rubricaudatus* Klunzinger; enfin l'*Artemia salina* est très commun dans tous les chotts du Sahara algérien et doit exister aussi dans ceux de la Tunisie.

21. Apus cancriformis Schœff., *Elem. Entom.*, 1766, pl. XXIX, fig. 1 et 2 (sub *Branchipus*). — *Binoculus apus* Fourc., *Ent. Par.*, 1785, p. 539. — *Limulus palustris* O. Müller, *Entomostr.*, 1785, p. 197. — *Triops palustris* Schrank, *Fauna Boica*, III, 1803, p. 251. — *Apus cancriformis* Latr., *Hist. nat. Crust. ins.*, IV, 1804, p. 193, pl. XIX, fig. 29. — *Limulus cancriformis* Lam., *Hist. nat. anim. sans vert.*, 1re éd., V, p. 164. — *Binoculus cancriformis* Leach, *Dict. sc. nat.*, XIV, 538. — *Apus Montagui* Leach, *Encycl. Brit.*, suppl. I. — *Apus cancriformis* M. Edw., Baird, Grube, Brauer, Lilljeborg.

Gorges du Djebel Oum El-Asker au Redir Zitoun (V. May.), Zellouza, entre Bir-Marabot et Gabès (V. May., 29 mai 1884).

Se trouve aussi en Algérie; M. H. Lucas l'a signalé d'Hippone et de la région des Hauts-Plateaux; nous l'avons reçu de Biskra. Dans le nord de l'Afrique *A. cancriformis* atteint une très grande taille; nous possédons plusieurs individus dont le bouclier dorsal a au milieu plus de 3 centimètres de longueur; les dents du bord postérieur sont un peu plus nombreuses, 18 à 23 de chaque côté, tandis que chez les *Apus* de France on n'en compte ordinairement que de 14 à 18; elles sont cependant plus espacées et moins régulières, souvent alternativement plus courtes et plus longues; l'angle formé par l'extrémité de la carène au bord postérieur est toujours bien prononcé.

22. Apus numidicus Grube, *Archiv f. Naturg.*, 1865, p. 277, pl. XI, fig. 14.

Plusieurs individus mêlés aux *A. cancriformis* de Zellouza (V. May.).

Grube avait reçu cette espèce de Bou-Saada; nous la possédons de Tilremt.

Elle se distingue très facilement de *A. cancriformis* par le scutum dorsal plus large et plus arrondi, les denticules du bord postérieur plus petits et beaucoup plus nombreux, par l'absence complète de saillie au niveau de l'extrémité de la carène médiane, et surtout par la structure du dernier segment de l'abdomen et de ses cercopodes. Chez *A. numidicus* ce segment offre en dessus une bande médiane de 5 ou 6 épines médiocres irrégulières, au bord postérieur de chaque côté de l'échancrure une épine semblable et à l'angle externe un demi-cercle de petites épines entourant la base du cercopode; en dessous ce segment est presque entièrement garni de petits spicules formant cependant deux larges plaques plus denses, sa face externe est également spinuleuse et son bord postérieur offre une série continue de 8 à 12 épines plus fortes; les cercopodes sont fortement annelés et décroissent rapidement de la base à l'extrémité, leurs articles basilaires offrent des

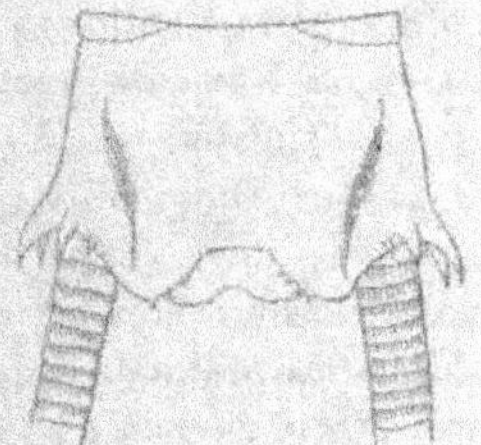 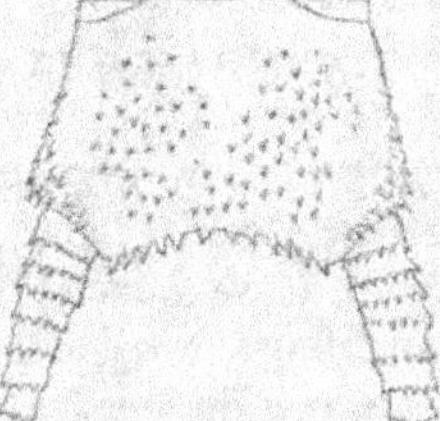

Fig. 1. — Dernier segment de l'abdomen et base des cercopodes vus en dessous chez *A. cancriformis*.

Fig. 2. — Mêmes parties chez *A. numidicus*.

verticilles très denses de denticules peu réguliers plus forts et plus obtus en dessous. Chez *A. cancriformis* le dernier segment est pourvu en dessus de chaque côté, près la base, d'un petit mamelon spinuleux, à l'extrémité d'une épine médiane très forte accompagnée, sur chacun des angles de l'échancrure, d'une épine beaucoup plus petite et convergente, enfin de chaque côté, aux angles, de deux épines robustes, surtout la supérieure; en dessous il est mutique, sauf deux petites épines (ou une série de très petites épines chez les grands individus) aux angles de l'échancrure et de chaque côté une épine semblable près la base des cercopodes; ceux-ci, à peine plus courts que le corps, sont finement annelés et garnis de verticilles serrés de soies très courtes sans épines ni spicules.

A. numidicus est toujours plus petit que *A. cancriformis*; plusieurs de nos exemplaires ont cependant des dimensions un peu supérieures à celles indiquées par Grube.

Genus **Estheria**.

1. Testa vix 1/3 longior quam altior, superficie inter costas
omnino subtiliter coriacea et punctata............ *E. cycladoides.*
Testa fere duplo longior quam altior, superficie inter
costas superiores clathrata versus marginem et versus
extremitatem posteriorem sensim læviore.......... ?
2. Testa postice truncata et obtuse biangulosa cum angulis
plus minus prominulis, costis 20-24 versus marginem
sensim densioribus....................... *E. angulata.*
Testa antice et postice fere æqualiter rotundata, costis
9-10 superioribus inter se appropinquatis, reliquis
magis et fere æque distantibus................ *E. Mayeti.*

23. Estheria cycladoides Joly, *Ann. sc. nat.*, 2ᵉ sér., XVII, 1842, p. 293, pl. VII-IX (sub *Isaura*). — *Cyzicus Bravaisi* Aud., *Ann. Soc. ent. Fr.*, 1837, p. 9 (sans description).

Testa long. 9ᵐᵐ,6-13ᵐᵐ; alt. 6ᵐᵐ,5-9ᵐᵐᵒ. — Testa cornea plus minusve opaca parum convexa, circiter 6/10 longior quam altior, antice posticeque regulariter et fere æqualiter rotundata, margine superiore antice pauldulum tumidulo dein recto postice angulum obtusissimum formante, costis exilibus 13-18 (sec. Joly 20-26), 1-7 inter se appoximatis, reliquis costis magis et fere æque distantibus sed costis duabus marginalibus minus quam reliquis costis inter se remotis, superficie inter costas omnino subtiliter et dense punctata, costis saltem exterioribus breviter ciliatis. Capitis rostrum fere triquetrum et subacutum supra profunde excavatum et subacute marginatum. Antennæ superiores ramis duobus fere æquis, superiore 10 inferiore 8 articulatis. Abdomen segmentis apodis supra transversim elevatis subtuberculatis et in medio aculeis acutis pellucentibus quatuor, mediis duobus alteris longioribus, armatis, carinæ posticæ acutæ margine superiore tenuiter dentato cum dentibus paulo majoribus ad basin et prope medium, atque ad apicem aculeis validis binis contiguis et arcuatis munitæ. Appendices terminales (cercopoda) teretes abdomine paulo breviores sed dimidio longiores et haud robustiores quam carinarum aculei apicales.

Tunis (Lx).

Répandu en Algérie, observé pour la première fois à Arzew (Audouin), retrouvé depuis entre Bokhari et Laghouat (Lucas), enfin à Bône (Letourneux); existe aussi dans le midi de la France (Joly), et dans la basse Égypte aux environs d'Alexandrie.

Noᴛᴀ. Nous n'avons pas observé le nombre de côtes (20-26) indiqué par N. Joly chez son *Isaura cycladoides*, nous n'en avons jamais compté plus de 18 même sur des exemplaires géants provenant d'Alexandrie; à part cela, les *Estheria* du nord de l'Afrique correspondent exactement à la description de N. Joly, et la disposition caractéristique des côtes a été très exactement figurée par cet auteur (*l. c.*, pl. VII, fig. 1 et 4).

La description de Grube (*Archiv f. Naturg.*, 1853, p. 154) est sans doute extraite du mémoire de Joly, mais la figure que Grube a donnée plus tard de *E. cycladoides* (*l. c.*, 1865, pl. XI, fig. 3), d'après un exemplaire provenant d'Espagne, paraît appartenir à une autre espèce, la striation de la coquille, figurée très dense vers la marge, étant tout à fait différente.

E. cycladoides est excessivement voisin de *E. tetracera* Krynicki (*Bull. Mosc.*, II, 1830, p. 173), répandu en Pologne et dans la Russie méridionale, mais nous l'en croyons distinct, contrairement à l'opinion exprimée en dernier lieu par Grube (*l. c.*, 1865). La coquille des deux espèces est semblable par sa striation et sa ponctuation, mais celle de *E. tetracera* est plus transparente et son angle apical est toujours plus obtus. L'armature des segments apodes de l'abdomen n'est pas la même; chez *E. tetracera* en effet chaque segment offre au milieu une épine longue et de chaque côté une ou deux plus petites, tandis que chez *E. cycladoides* chaque segment offre quatre épines dont les deux médianes un peu plus longues que les latérales[1].

21. Estheria angulata sp. nov.

Testa long. 9^{mm},2; alt. 4^{mm},7. — Testa cornea plus minusve pellucens compressa fere duplo longior quam altior, antice rotundata supra postice paululum tumida dein recta seu levissime arcuata versus extremitatem paululum attenuata ad apicem in parte superiore obliqua in parte inferiore recte truncata cum angulo medio et praesertim angulo inferiore obtuse promi-

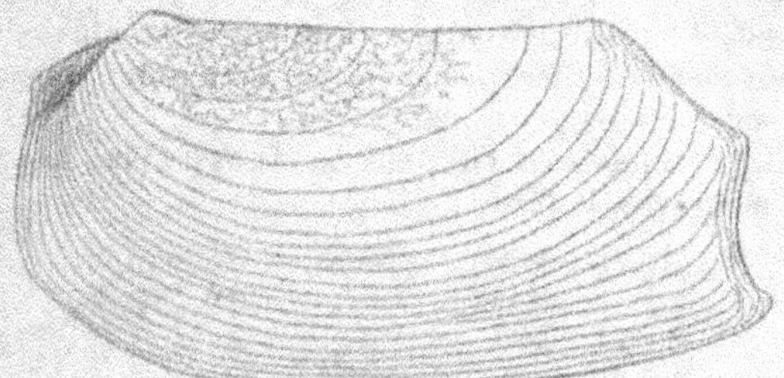

Fig. 3. — Coquille de *E. angulata* très grossie.

nulis, costis exilibus 20-24 marginem versus sensim minus distantibus, superficie inter costas superiores magis distantes leviter clathrata.

Quelques coquilles ne contenant plus l'animal ont été trouvées par M. Valery Mayet dans un marais au pied du Djebel Eddedj, et tout à fait à l'extrémité est du grand chott El-Fedjedj entre Gabès et Gafsa.

---

[1] Nous avons étudié *Estheria tetracera* Kryn. sur des exemplaires donnés au Muséum par Grube et provenant de Breslau.

Paraît se rapprocher beaucoup de *E. compleximana* Packard, de l'Amérique du Nord; en diffère cependant par les côtes plus nombreuses et plus serrées vers la marge et par l'extrémité postérieure plus nettement anguleuse.

25. Estheria Mayeti sp. nov.

Testa long. $7^{mm},4$; alt. $3^{mm}.6$. — Testa cornea fere pellucens valde compressa fere duplo longior quam altior antice posticeque fere æqualiter rotundata, margine superiore recto cum angulo postico obtusissimo, margine inferiore leviter et regulariter arcuato, costis exilibus 9-10 superioribus approximatis reliquis inter se magis et fere æque distantibus, superficie inter costas superiores inordinate clathrata versus marginem et versus extremitatem posteriorem sensim læviore. Capitis rostrum sat longum valde compressum ad apicem truncatum et fere securiforme supra carinatum sed in parte secunda paululum incrassatum et canaliculatum. Antennæ superiores

Fig. 4. — Extrémité de l'abdomen de profil.

ramo exteriore articulis novem articulo ultimo præcedentibus longiore et aciculato, ramo interiore breviore articulis quinque longioribus. Abdominis segmenta apoda supra lævia haud tuberculata, carinæ posteriores subacutæ tenuiter ciliatæ supra paululum depresso-arcuatæ ad apicem angulate elevatæ et aculeis binis rectis munitæ. Appendices terminales teretes abdomine paulo longiores, fere triplo longiores et paulo crassiores quam carinarum aculei apicales.

Quelques individus provenant d'un Redir dans le Djebel Oum El-Asker, au bord du chott El-Fedjedj, près de Tozzer (V. May.).

Fig. 5. — Coquille de *E. Mayeti* très grossie.

De toutes les espèces de la région méditerranéenne actuellement décrites, c'est de *E. gubernator* Klunzinger, du Caire, que *E. Mayeti* se rapproche le plus; la coquille de *E. gubernator* (d'après les figures de Klunzinger) est également deux fois plus longue que haute, mais son bord supérieur est assez fortement concave, tandis qu'il est droit chez *E. Mayeti*; sa striation est analogue (c'est-à-dire plus espacée vers la marge) mais plus nombreuse (16 stries). *E. gubernator* diffère beaucoup de *E. Mayeti* par les segments de l'abdomen offrant en dessus une série de forts tubercules dentelés en arrière sur les premiers plus petits et simples sur les derniers; ses carènes caudales sont aussi figurées plus courtes que chez *E. Mayeti* (cf. Klunzinger, *Zeitschr. f. Wiss. Zool.*, XIX, 1864, p. 139). Comme la précédente, cette espèce se rapproche beaucoup de *E. complexsimana* Pack., aussi bien par la forme et la striation de la coquille que par la structure des derniers segments de l'abdomen.